上海市文教结合支持项目

爱上中国美

二十四节气
非遗美育
手工课

冬

主编 章莉莉

上海教育出版社
SHANGHAI EDUCATIONAL
PUBLISHING HOUSE

本书主编：章莉莉
春分册作者：朱艺芸　夏分册作者：朱艺芸
秋分册作者：刁秋宇　冬分册作者：李姣姣

图书在版编目（CIP）数据

爱上中国美：二十四节气非遗美育手工课 / 章莉莉
主编. — 上海：上海教育出版社，2023.4
ISBN 978-7-5720-1933-3

Ⅰ.①爱… Ⅱ.①章… Ⅲ.①二十四节气－儿童读物
Ⅳ.①P462-49

中国国家版本馆CIP数据核字(2023)第057093号

责任编辑　张　弛
装帧设计　王一哲

爱上中国美——二十四节气非遗美育手工课
章莉莉　主编

出版发行　上海教育出版社有限公司
官　　网　www.seph.com.cn
地　　址　上海市闵行区号景路159弄C座
邮　　编　201101
印　　刷　上海商务联西印刷有限公司
开　　本　787×1092　1/16　印张 14
字　　数　236 千字
版　　次　2023年6月第1版
印　　次　2023年6月第1次印刷
书　　号　ISBN 978-7-5720-1933-3/G·1737
定　　价　128.00 元（全四册）

如发现质量问题，读者可向本社调换　电话：021-64373213

前言

　　二十四节气是中国人对一年中自然物候变化所形成的知识体系，是农耕文明孕育的时间历法，2016年被纳入联合国教科文组织的人类非物质文化遗产代表作名录。中国人在每个节气有特定的生活习俗，立春灯彩、清明风筝等，表达了对美好生活的向往。传统工艺是中国人的智慧体现和美学表达，在《考工记》《天工开物》等古籍中，我们看到传统工艺与自然的和谐共生。

　　中国式美育，要让孩子懂得中国文化，熟悉中国传统工艺，了解中国民间习俗。在润物细无声的一年光阴中，在二十四节气更替之际，让孩子们根据本书完成与节气相关的非遗手工，比如染织绣、竹编、造纸、风筝、擀毡、泥塑等，体会四季轮回和传统工艺之美，感悟日常生活、自然材料与传统工艺之间的关系。

　　24个节气，24项非遗。斗转星移，春去秋来。非遗传承，美学育人。希望在孩子们心里种一颗中华优秀传统文化的种子，使其生根发芽，朝气蓬勃。

上海大学上海美术学院副院长、教授
上海市公共艺术协同创新中心执行主任
章莉莉　2023年4月

课程研发团队

课程策划： 章莉莉
学术指导： 汪大伟、金江波
课程指导： 夏寸草、姚舰、郑珊珊、柏茹、万蕾、
汪超

课程研发： 蔡正语、陈淇琦、陈书凝、刁秋宇、
丁弋洵、高婉茹、谷颖、何洲涛、黄洋、黄依菁、
李姣姣、刘黄心怡、柳庭珺、吕宜峰、茅卓琪、
盛怡瑶、石璐微、谭意、汤仪、王斌、温柔佳、
杨李叶、朱艺芸、张姚真（按照姓名拼音排序）
课程摄影： 朱晔

特别感谢：
上海黄道婆纪念馆
上海徐行草编文化发展有限公司
上海市金山区吕巷镇社区党群服务中心
上海金山农民画院
江苏省南通蓝印花布博物馆
江苏省徐州市王秀英香包工作室
江苏省苏州市盛风苏扇艺术馆
山东省济宁市鲁班木艺研究中心
朱仙镇木版年画国家级非遗传承人任鹤林
白族扎染技艺国家级非遗传承人段银开
苗族蜡染技艺国家级非遗传承人杨芳
凤翔泥塑国家级非遗传承人胡新明
徐州香包省级非遗传承人王秀英
上海徐行草编市级非遗传承人王勤
山东济宁木工制作技艺市级非遗传承人马明文
北京兔儿爷非遗传承人胡鹏飞
上海罗店彩灯非遗传承人朱玲宝
山西布老虎非遗传承人杨雅琴

手工材料包合作单位：
杭州市余杭区蚂蚁潮青年志愿者服务中心
手工材料包研发团队：
李芸、莫梨雯、李洁、刘慧、曹秀琴、缪静静

课程手工材料包
请扫二维码：)

二十四节气与物候

　　物候是自然界中生物或非生物受气候和外界环境因素影响出现季节性变化的现象。例如，植物的萌芽、长叶、开花、结实、叶黄和叶落；动物的蛰眠、复苏、始鸣、繁育、迁徙等；非生物等的始霜、始雪、初冰、解冻和初雪等。我国古代以五日为候，三候为气，六气为时，四时为岁，一年有二十四节气七十二候。物候反映了气候和节令的变化，与二十四节气有密切的联系，是各节气起始和衔接的标志。

二十四节气与二十四番花信风

　　五日为候，三候为气。小寒、大寒、立春、雨水、惊蛰、春分、清明、谷雨这八个节气里共有二十四候，每候都有花卉应期盛开，应花期而吹来的风称作"信"。人们挑选在每一候内最具有代表性的植物作为"花信风"。于是便有了"二十四番花信风"之说。

四季之冬
冬雪雪冬小大寒

立冬 小雪 大雪 冬至 小寒 大寒

　　草木凋零，雪花飞舞，万物进入了休养生息的阶段。冬季虽然寒冷，但是生活中总有一些小确幸，例如冬日的一缕暖阳，皑皑白雪中突然盛开的一朵腊梅，抑或是一个捧在手心中暖暖的烤地瓜。

　　立冬小雪飘，大雪兆丰年，冬至数九日，小寒又大寒。冬季的六个节气包括立冬、小雪、大雪、冬至、小寒、大寒。冬季分册包含中国皮影戏、金山农民画、布老虎、传统木结构建筑营造技艺、南通蓝印花布印染技艺、木版年画非遗手工课程。让我们动动小手，暖和暖和身体，驱散寒冷！

目 录

立冬

棕熊冬眠

皮影互动体验课程

冬之初始 如约而至
万物牧藏 动物冬眠

立冬是冬季的第一个节气，在每年阳历 11 月 7 日或 8 日。这一节气预示着冬季的来临，万物进入休养、收藏状态，天气一天天变冷，逐渐开始降雪。

立冬三候分为：一候水始冰，二候地始冻，三候雉（野鸡一类的大鸟）入大水为蜃（大蛤）。进入冬季，天气逐渐变冷，水开始结冰；伴随着气温逐渐降低，寒气渗透到土壤中，土中的水分也开始冻结；这一节气，很少看见野鸡一类的大鸟，然而海边出现了大蛤，它们外壳的线条及颜色和野鸡相似。古人认为雉入海之后便变成了大蛤。

《月令七十二候集解》中记述："冬，终也，万物收藏也"。冬季开始了，秋季的农作物全部晒完收藏起来了，有些动物也开始冬眠，比如熊、蛇、青蛙等。"立冬补冬，补嘴空"，立冬过后天气越来越冷，需要多吃些热腾腾、热量高的食物，补充营养，抵御严寒。

冬季初始，动物们准备囤粮过冬啦，
忙忙碌碌，好像一场情景剧，
你知道我国最古老的艺术品种是什么吗？

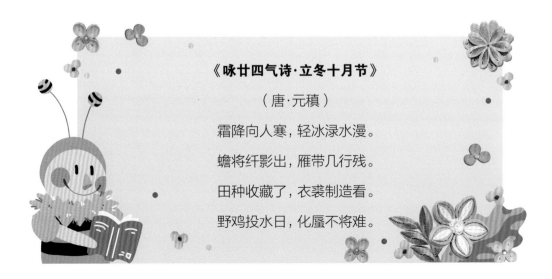

《咏廿四气诗·立冬十月节》

（唐·元稹）

霜降向人寒，轻冰渌水漫。

蟾将纤影出，雁带几行残。

田种收藏了，衣裳制造看。

野鸡投水日，化蜃不将难。

中国皮影戏

联合国教科文组织

人类非物质文化遗产代表作名录（2011 年）

皮影戏又称"灯影戏"或"影子戏"，被视为最古老的艺术品种，是一种采用兽皮或纸板制成彩色人物、动物等影偶形象，配以音乐和演唱的传统艺术。皮影艺人在影窗（白色幕布）后面使用木杆操控影偶，通过光线在幕布上创造动态形象。皮影戏在我国传播范围广，各地也逐渐形成具有当地特色的皮影戏，如河北的唐山皮影戏、冀南皮影戏；陕西的华县皮影戏、华阴老腔皮影戏、阿宫腔皮影戏；山东的泰山皮影戏、济南皮影戏等。

影偶作为皮影戏重要的道具，制作起来需要很多技巧。很多身怀绝技的皮影艺人都会雕刻皮影。影偶全身有多处可活动的关节，皮影艺人可一人同时操控多个影偶，也可多人合作表演——二到五人小戏班或者七到九人大剧团都可以表演。表演的剧目一般是当地民俗故事、神话传说等，皮影戏传递着我国人文内涵、民间信仰和民风民俗等知识。

皮影艺人一边操控影偶，一边用当地的唱腔曲调讲述故事。皮影戏可以在娱乐或婚礼仪式等特殊场合表演，也会在农闲时节表演。冬季农闲时大家聚在一起，宾客满座，热气腾腾，气氛热闹、温暖。

1. 皮影表演
2. 河湟皮影
3. 皮影人物
4. 皮影人物局部细节

1	2
3	4

一起来体验"棕熊冬眠"皮影，
学习中国皮影戏，
了解立冬时节的物候现象。

棕熊冬眠

皮影互动体验课程

采用皮影结合卡通画的形式，展现立冬时节棕熊冬眠的场景。在立冬时节，让我们和棕熊一起收藏秋季作物、吃饺子。我们一起亲手制作棕熊影偶，思考皮影会"动"的奥秘，合作表演一出简短的皮影戏。

课程材料：

棕熊皮影人偶、皮影背景、双脚钉若干、操作杆 5 只、材料包装盒。

注意事项：

用双脚钉组装皮影时应控制好松紧度，使人偶的关节更加灵活便于操作。

制作流程：

第一步：组装棕熊影偶头部
用双脚钉将棕熊的头部和身体连接起来。

第二步：组装棕熊影偶四肢
用双脚钉将棕熊的四肢各部位连接起来。

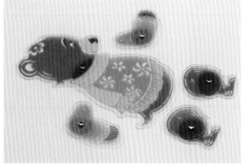

第三步：组装棕熊影偶

按照拼接示意图，依次将棕熊四肢连接到身体上。

第四步：安装操纵杆

将操作杆分别安装在棕熊的四肢和头部。

第五步：搭建皮影戏台

如图所示在幕布外侧贴上双面胶。

第五步：搭建皮影戏台

撕去双面胶，将幕布贴在材料包装盒内侧，戏台组装完毕。

第六步：表演皮影

利用操作杆控制棕熊，进行"棕熊冬眠"表演。小朋友们可以和爸爸妈妈或者好朋友一起玩哦。

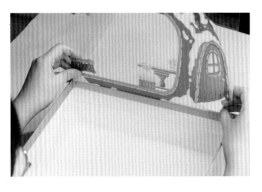
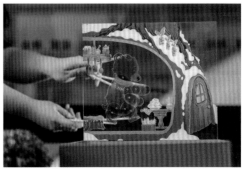

棕熊冬眠

皮影互动体验课程成果

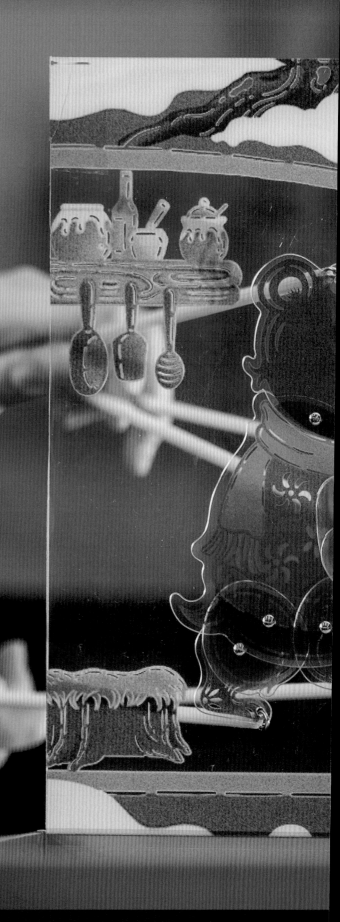

小雪

走马观雪

金山农民画体验课程

彩虹躲藏 雪花初现

漫游金山农民画 赏江南初雪

小雪是冬季的第二个节气,在每年阳历 11 月 22 日或 23 日。小雪和雨水、谷雨等节气一样,都是直接反映降水的节气。小雪时节,气温逐渐下降,北方地区开始降雪。

小雪分为三候:一候虹藏不见,二候天气上升、地气下降,三候闭塞而成冬。进入小雪,天气变冷,我国下雪的地方多于下雨的地方。彩虹是气象中的一种光学现象,当太阳光照射到空中的小水滴,光线被折射和反射,在空中形成拱形的七彩光谱。雪花不能像水滴那样发生折射和反射,所以小雪之后就看不见彩虹了。天空中阳气上升,地面阴气下降;阴阳不交,万物失去生机,天地闭塞而转入寒冷的冬天。

《群芳谱》记述:"小雪气寒而将雪矣,地寒未甚而雪未大也。"《月令七十二候集解》中记述:"十月中,雨下而为寒气所薄,故凝而为雪。小者未盛之辞。"都反映了小雪时的气象特征,气温开始降低,开始降雪,但是雪量不大。在我国古代,冬季食物匮乏,也没有发达的种植技术,人们常常会"腌寒菜""晒鱼干"。

金山农民画的题材多为日常生活、节庆习俗,
冬季是什么样呢?
让我们一起去看看。

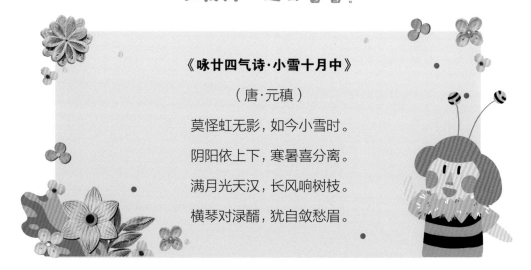

《咏廿四气诗·小雪十月中》

(唐·元稹)

莫怪虹无影,如今小雪时。

阴阳依上下,寒暑喜分离。

满月光天汉,长风响树枝。

横琴对渌醑,犹自敛愁眉。

金山农民画

第一批上海市市级非物质文化遗产名录（2007年）

"以笔代针，以色为线"，金山农民画是我国优秀的民间美术类型之一，是从田野乡村中脱颖而出的艺术形式，以外拙内巧的艺术风格著称。除上海金山地区之外，我国各地农民画艺术百花齐放，例如陕西户县农民画、山东青州农民画、吉林东丰农民画、青海湟中农民画等。

金山农民画创作主体大多是农村女性，她们用画笔画生活，多以田园劳动、节庆习俗、江南水乡为题材，将剪纸、刺绣、蓝印花布、灶头壁画等民间美术融入绘画中。画面充满质朴纯真、稚拙浪漫的乡土气息。构图饱满、灵活丰富，色彩鲜明、对比强烈，富有江南风俗情趣，彰显劳动人民丰富多彩的精神世界。

农民画艺术具有强大的艺术表现力和生命力，通过学习金山农民画，我们可以了解到当地的日常生活、民俗活动、自然风光等。让我们一起漫游在金山农民画中，赏江南雪景，去看一看江南的民俗风情。

1. 金山农民画《摇到外婆家》
2. 金山农民画《鱼戏莲》
3. 金山农民画《喜船》
4. 传承人陈慧芳正在绘制农民画

1 | 2
3 | 4

让我们一起动手制作金山农民画走马灯,

学习金山农民画,

欣赏江南风土人情。

走马观雪

金山农民画体验课程

我们动手制作一款走马灯，让画面"动"起来，画面风格借鉴金山农民画的构图、造型和配色。随意在画面上粘贴人物和动物，仿佛置身在江南雪景中，感受江南的民俗风情，在小雪节气赏雪、打雪仗、堆雪人。

课程材料：

走马灯灯面、顶面、外层图案、底座、支撑木杆、小蜡烛 1 个、按扣 1 个、双面胶 1 卷、泡沫双面胶 1 卷、剪刀（自备）。

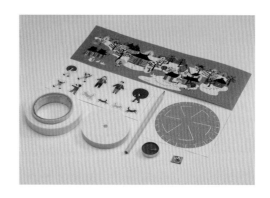

制作流程：

第一步：裁剪走马灯顶面

首先将顶面裁剪下来，剪开顶面边缘实线、内部"L"形实线。小朋友们可以请爸爸妈妈帮忙用美工刀裁开"L"形实线。接着用木杆尖头在顶面中心戳一个小洞。

第二步：制作走马灯顶面

把走马灯顶面沿虚线边缘向内弯折。沿着顶面外边缘贴上双面胶并撕开双面胶，方便下一步使用。

第三步：裁剪外层图案

按照轮廓边缘裁剪外层人物、动物形象，在图案背面贴上泡沫双面胶。将人物和动物贴在灯面上。

第四步：制作走马灯灯罩

在灯面侧边贴上双面胶并撕开双面胶，然后将灯面沿着刚刚制作好的顶面外边缘粘贴起来。

第五步：制作走马灯顶部

将顶面叶片向外翻折，按照图示将按扣安装在顶面的小孔处。

第六步：安装走马灯

将支撑木杆插在底座中心孔内，把走马灯罩放置在支撑木杆另一头，再把蜡烛放置在底座上。可以请家长帮助点燃蜡烛，稍等片刻，走马灯就可以转起来啦。

走马观雪

金山农民画体验课程成果

大雪

虎虎生威

布老虎制作课程

纷纷扬扬　白雪轻盈飘落而至

虎虎生威　酝酿着生命的复苏

大雪是冬季的第三个节气，在每年阳历 12 月 6 日至 8 日中的一天。大雪也是反映气温和降水变化趋势的节气。确切来说"大雪"是指降雪概率增加，下雪的范围增大。

大雪分为三候：一候鹖（hé）鴠（dàn）不鸣，二候虎始交，三候荔挺出。鹖鴠指的是寒号，也有人认为是复齿鼯鼠，能够在树林里快速滑翔，古人认为是鸟，此时因天气寒冷，寒号鸟也不再鸣叫；此时是阴气最盛时期，盛极而衰，阳气已有所萌动，老虎开始活动、求偶；"荔挺"为兰草的一种，感到阳气的萌动而抽出新芽。"虎始交"和"荔挺出"有物极必反之意，虽在万物萧条的冬日，生命的复苏却也在悄悄地酝酿着。

大雪寓意着气温显著下降，降雪量增多，地面可能积雪。积雪覆盖大地，有助于隔绝寒冷空气，起到保暖、提升地温的作用，为农作物创造了良好的过冬环境。

大雪节气，自然界的老虎开始活动啦，
布老虎是古代民间最常见的玩具，
一起来了解如何制作布老虎吧！

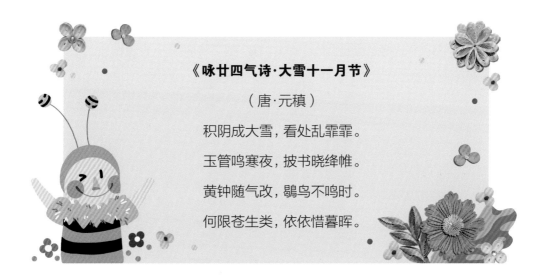

《咏廿四气诗·大雪十一月节》

（唐·元稹）

积阴成大雪，看处乱霏霏。

玉管鸣寒夜，披书晓绛帷。

黄钟随气改，鹖鸟不鸣时。

何限苍生类，依依惜暮晖。

布老虎（黎侯虎）
第二批国家级非物质文化遗产名录（2008 年）

　　布老虎是我国民间广为流传的一种儿童玩具和节庆礼品，在春节、元宵节、端午节等节日，以及新生儿百日、周岁、生日时，人们会做形态各异的布老虎。制作布老虎的传统，源于人们对虎的崇拜，蕴含着保佑平安、驱邪等美好寓意。给孩子戴虎头帽，是希望孩子像老虎一样勇敢。虎与"福"谐音，有祝福健康之意。

　　布老虎一般有单头虎、双头虎、四头虎、子母虎、枕头虎、套虎等，制作流程是先裁剪棉布缝制成虎形，填充虎身，再用彩绘、贴布、刺绣等形式装饰。布老虎五官夸张变形、神态生动，整体造型昂首直立、憨厚淳朴。在色彩搭配方面，颜色鲜明，对比强烈，以民间传统"黑、赤、青、白、黄"五色为主，呈现吉祥喜庆之感。

　　山东、山西、陕西、河南等地都有制作布老虎的传统，不同区域的风俗习惯形成了千姿百态的造型特点。山西布老虎的眼睛是立体南瓜造型，寓意着招财进宝。山东布老虎眼睛以平面为主，一层层布堆叠，炯炯有神。布老虎造型或憨态可掬，或灵动活泼，或沉稳安静，虽然风格各异，但是也有相似之处，例如大眼睛、大嘴巴，造型夸张。

1—2. 山西布老虎，传承人杨雅琴制作
3—4. "记住乡愁·山东民艺展"中的山东布老虎

1	2
3	4

在大雪节气，
让我们一起动手制作布老虎，
像小老虎一样茁壮成长。

虎虎生威
布老虎制作课程

本课程提取布老虎经典造型元素，重新设计了六种各具特色的布老虎。在动手制作过程中，我们一起来学习布老虎的相关知识，也可以发挥想象力，制作一只属于你自己的布老虎。

课程材料：

布老虎素胚 1 只，各色不织布，胶水 1 瓶，老虎眼睛、嘴巴、身体装饰等各部件，剪刀（自备）。

制作流程：

第一步：剪裁部件

首先将样板剪下，按照样板剪出相同形状的布片。

第二步：制作五官部件

按照参考图制作五官，用胶水固定后备用。下图为眼睛的制作示例。

第三步：粘贴眼睛、鼻子

按照参考图，在布老虎素胚上确定好眼睛和鼻子的位置，并用胶水固定。

第四步：粘贴头顶饰片

用胶水固定头顶装饰布片。

第五步：粘贴嘴巴

用胶水粘贴嘴巴。

第六步：粘贴侧面装饰

用胶水粘贴侧面的脚部、身体装饰、脸颊花纹、背条及尾部小球。

第七步：封底

将底部开口处用同色布片粘贴起来。

第八步：绘制细节

用水笔在鼻子上绘制细节。

虎虎生威

山西布老虎制作课程成果

冬至

大雪丰年

木结构斗拱模型制作课程

皑皑白雪与古建筑交相呼应
瑞雪丰年 探寻古建筑的奥秘

冬至是冬季的第四个节气，俗称"冬节""长至节""亚岁"等，在每年阳历 12 月 21 日至 23 日中的一天。冬至意味着严寒的开始，这一天北半球白天最短、夜晚最长。我国古代有"冬至大如年"的讲法，由此可见冬至的重要程度。此外，冬至是我国民间传统祭祖节日，也是我国最早的教师节。

冬至分为三候：一候蚯蚓结，二候麋角解，三候水泉动。蚯蚓对温度非常灵敏，气温下降，土中的蚯蚓仍然蜷缩着身体；麋鹿（俗称"四不像"）的角开始脱落，来年夏天再长出新角；地下有泉水冒出开始流动。《九九消寒歌》也描绘了数九寒天的景象，"一九，二九不出手，三九，四九冰上走，五九，六九看杨柳，七九河开，八九雁来，九九搭一九，耕牛遍地走。"

数九寒天，冬至入九，冬至有"画图数九"习俗，每天一笔，直到九九之后春回大地。"九九消寒图"有梅花图、文字、圆圈等各种样式。"冬至不端饺子碗，冻掉耳朵没人管"，冬至吃饺子是我国各地较普遍的习俗，也有些南方地区会在这天吃汤圆。

冬至意味着开始进入一年中最冷的时候，
窝在暖暖的家里，舒服自在。
你们知道古代是怎么建造房屋的吗？

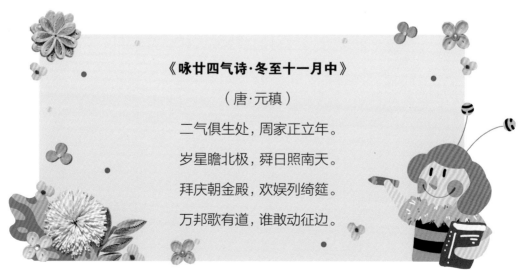

《咏廿四气诗·冬至十一月中》

（唐·元稹）

二气俱生处，周家正立年。

岁星瞻北极，舜日照南天。

拜庆朝金殿，欢娱列绮筵。

万邦歌有道，谁敢动征边。

中国传统木结构建筑营造技艺

联合国教科文组织

人类非物质文化遗产代表作名录（2009 年）

中国传统木结构建筑营造技艺是以木材为主要建筑材料，以榫卯为主要结合方式，以模数制为尺度设计和加工生产手段的建筑营造技术体系。中国传统木结构建筑由柱、梁、檩、枋、斗拱等大木构件共同组成框架结构，主要有抬梁式、穿斗式及混合式三种形式。《营造法式》《鲁班营造正式》等古籍中记录了营造技艺的加工装配、制作方法等。

该技艺在我国各地、各民族的发展中，形成了各具特色的风格，例如官式古建筑营造技艺、香山帮传统建筑营造技艺、客家土楼营造技艺、侗族木构建筑营造技艺、土家族吊脚楼营造技艺等。营造技艺体现了中国古代的科技水平和人民的智慧，不同地方的建筑形式也表现了当地独特的文化意蕴与审美意象。

大雪过后，银装素裹，传统木结构古建筑在雪地的映衬下显得更加庄严壮观。现代建筑大多是砖石结构，而古人无需螺丝钉、胶水等，仅仅依靠榫卯结构用木材营造建筑。

1. 斗拱是中国传统木结构类型之一
2. 杏坛角科立体图
3. 北京故宫是世界上保存较为完整的木结构建筑之一
4. 杏坛柱头科侧视图

1	2
3	4

一起来体验木结构斗拱制作，
探寻古建筑营造技艺的奥秘，
感受古人的智慧。

大雪丰年

木结构斗拱模型制作课程

斗拱是中国传统木建筑中特有的结构，在建筑顶部探出成弓形的承重结构为拱，拱与拱之间的方形木块部件为斗，合称斗拱。斗拱也是榫卯结构的表现形式之一。选取简单的单拱结构，我们一起来动手绘制并搭建。

注意事项：

一定要等到颜料干后再开始搭建。

课程材料：

单拱模型 1 套、画笔 1 支、红色颜料、黄色颜料、绿色颜料、蓝色颜料。

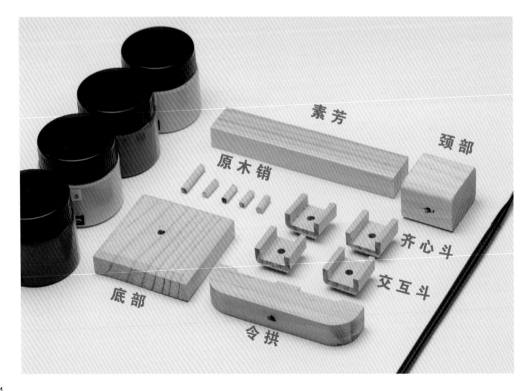

制作流程：

第一步：木块上色
参照范例或者按照自己的喜好上色。

第二步：连接底部与颈部
通过原木销连接底部与颈部。

第三步：连接交互斗
把交互斗通过原木销与底部、颈部连接。

第四步：连接令拱
把令拱卡在交互斗的凹陷处。

第五步：连接齐心斗与散斗
通过原木销把齐心斗连接在令拱的中间处。

第六步：安装素方
把素芳横插入齐心斗和散斗的凹槽处。

大雪丰年

木结构斗拱模型制作课程成果

小寒

梅花傲雪

蓝印花布小包制作课程

寒冬腊月 梅花凌寒绽放
背上小包 户外踏雪寻梅

小寒是冬季的第五个节气，在每年阳历 1 月 4 日至 6 日中的一天。"小寒时处二三九，天寒地冻北风吼"，小寒节气的到来意味着一年中最寒冷的季节正式开始。天渐寒，尚未大冷，在大多数年份，大寒要比小寒冷，但在气象记录中，也有小寒比大寒冷的时候，故有"小寒胜大寒，常见不稀罕"的说法。

小寒分为三候：一候雁北乡，二候鹊始巢，三候雉始鸲。三候之中的景象分别是大雁开始向北迁移；喜鹊开始衔草筑巢，准备繁衍后代；雉鸟开始鸣叫，发出求偶的信号。小寒的花信风是一候梅花、二候山茶、三候水仙。

小寒天气寒冷，正处于二九、三九时期。俗语说"三九补一冬，来年无病痛"，小寒是冬季进补的最佳时节。小寒之后，将迎来腊八节，腊八节重要的习俗就是吃"腊八粥"。俗话说"过了腊八就是年"，腊八节一过，年味越来越浓，数着九九数，期盼家人团聚。

我国很多非遗都有梅花元素，
让我们一起来了解蓝印花布印染技艺，
欣赏蓝白相间之美。

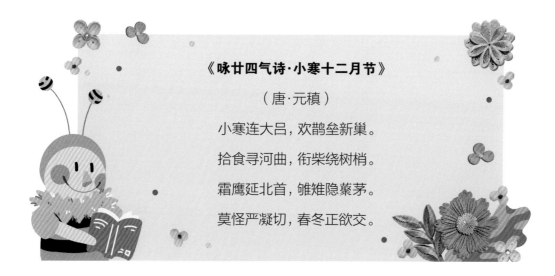

《咏廿四气诗·小寒十二月节》

（唐·元稹）

小寒连大吕，欢鹊垒新巢。

拾食寻河曲，衔柴绕树梢。

霜鹰延北首，雏雉隐薮茅。

莫怪严凝切，春冬正欲交。

南通蓝印花布印染技艺

第一批国家级非物质文化遗产名录（2006 年）

蓝印花布又称"药斑布"，蓝印花布印染技艺是中国传统手工印染工艺。刻纸为版，用黄豆粉和石灰粉调制防染糊，采用天然植物蓝草染料，漏印留下蓝白相间的图案。其制作流程分为织布、刻版、上桐油、刮浆、染色、刮灰、固色、晾晒等步骤。"以点为线、以点为形、以点为图"是蓝印花布最大的艺术特色。

南通蓝印花布清新自然，风格秀丽典雅。一方水土养一方人，富庶的江南大地滋养出深厚的文化底蕴，多元的民风习俗也促使南通蓝印花布形成了独特的风格。题材丰富、以形寓意，有图必有意，有意必吉祥，这些图案反映了人们丰富的精神世界和对美好幸福生活的向往。例如牡丹花插在花瓶中图案寓意平安富贵、喜鹊停在梅花上图案寓意喜上眉梢、松鹤延年图案寓意健康幸福。

梅花是蓝印花布中常见的元素，可以组合成喜上眉梢、青梅竹马、蝶恋花等图案。小寒时节，梅花开花了，在满目萧瑟的冬季里，给人眼前一亮的感觉。

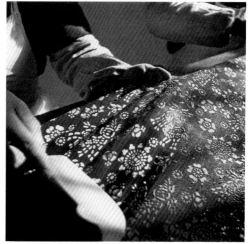

1. 蓝印花布工艺流程—晾挂阴干
2. 蓝印花布工艺流程—刮灰
3. 蓝印花布工艺流程—刻花版
4. 蓝印花布图案"喜上眉梢"

1	2
3	4

体验蓝印花布制作流程，

制作一个梅花小包，

背上它，在皑皑白雪中观赏梅花吧！

梅花傲雪
蓝印花布小包制作课程

以蓝印花布的"喜上眉梢"图案为灵感，提取梅花元素，保护蓝印花布的艺术特色，重新再设计。梅花也是小寒的花信风，在小寒节气，动手体验蓝印花布刮浆、染色、刮灰等制作过程，制作一个梅花小包。

课程材料：

小布包 1 个、刻花纸版 1 个、蓝靛泥染料 100 克、防染糊 50 克、食用碱 10 克、还原剂 25 克、刮刀 1 把、一次性手套 1 双、一次性塑料碗 1 个（自备）、一次性筷子 1 双（自备）。

制作流程：

第一步：调配染料

1. 碗中倒入 750 毫升 50 摄氏度左右的温水。
2. 加入碱，搅拌至完全溶解。
3. 加入蓝靛泥搅拌均匀。
4. 加入还原剂，搅拌 2 分钟左右。
5. 调制好的染液静置 15 分钟左右，染液变绿后方可进行染色。

第二步：调配防染糊

向防染糊中加入 1.5 倍水进行调配，搅拌至不再拉丝为止。

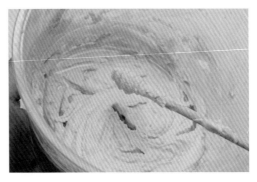

第三步：浸湿布包

将布包用水完全浸湿，稍微拧干至不滴水状态。

第四步：设计版面

将布包在桌面上铺平，取出刻花纸版，放在布包上合适的位置。

第五步：刮浆

均匀快速地将防染糊涂抹在纸板上，注意浆的厚度要大于花纸版的厚度。刮浆完成后，自然晾干或使用吹风机吹干。

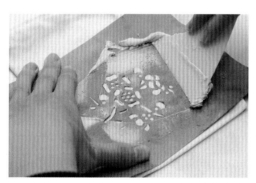

第六步：染色

将小布包放进染液中，浸泡 5 分钟后捞出，在空气中放置 5 分钟，重复 3 至 5 次，次数越多，最终成品颜色越深。最后用清水冲洗、晾干。

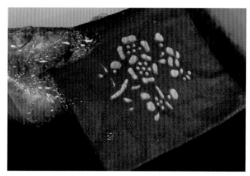

第七步：刮灰

小布包晾干后可用木棍使劲敲打，将上面的灰浆打松，然后把布绷紧，用刮刀刮除浮灰。

第八步：清洗、晾晒

用清水冲洗，去除残留在布上的灰浆及少量浮色，放在通风处晾晒，蓝印花布小布包就完成啦。

大寒

门神守护

木版年画制作课程

四时终结　新春伊始
张贴门神　辞旧迎新

大寒是二十四节气中的最后一个节气，在每年阳历 1 月 20 日或 21 日。"过了大寒，又为一年"它意味着四季的终结，预兆着新春的开始。大寒也意味着冬季最冷时候的到来"小寒不太冷，大寒三九天"。

大寒分为三候：一候鸡乳，二候征鸟厉疾，三候水泽腹坚。大寒时节，母鸡开始下蛋，可以孵小鸡了；凶猛的飞禽为了获取食物以抵御严寒，捕食时非常迅猛；天气寒冷到了极点，水结了厚厚的冰，连河流和湖泊中心的水都冻成了冰，又厚又结实。大寒的花信风是：一候瑞香、二候兰花、三候山矾。

"小寒大寒，杀猪过年"，虽然是农闲时节，但是家家户户都在忙着过年，此即"大寒迎年"风俗。在大寒至农历新年期间会有一系列风俗，如食糯、喝粥、纵饮、做牙、扫尘、糊窗、蒸供、赶婚、赶集、洗浴等。

大寒一到，新年就临近啦！
新年家家户户会张贴门神，
那么门神年画是怎么制作的呢？

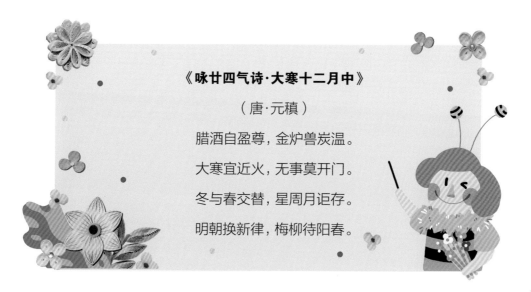

《咏廿四气诗·大寒十二月中》

（唐·元稹）

腊酒自盈尊，金炉兽炭温。

大寒宜近火，无事莫开门。

冬与春交替，星周月讵存。

明朝换新律，梅柳待阳春。

木版年画
（平阳木版年画）

第二批国家级非物质文化遗产名录（2008 年）

　　木版年画是我国的民间美术之一，题材多样，构图简洁，造型夸张，色彩鲜艳，对比强烈，一般为红、黄、灰、青、黑五色。木版年画与雕版印刷相关，采用木版水印的方式，一块木版可以多次使用。不同地域产生出不同风格的木版年画，例如：桃花坞木版年画、杨柳青木版年画、朱仙镇木版年画、绵竹木版年画、平阳木板年画、漳州木版年画等。

　　木版年画制作过程一般分为绘稿、刻版、印刷、装裱等步骤，不同种类的木版年画制作工序略有不同。绘稿时先画墨线稿，再依据颜色描出三至五张分色稿。刻版时先刻主版（墨线版），按照画稿颜色刻套色版，主版和套色版必须一致。印刷采用套版印刷形式，先印墨线版，再按照由浅入深的顺序套色印刷。

　　新年张贴门神有迎新接福、驱凶辟邪之意，也有审美欣赏功能，表达了劳动人民对平安幸福、美好生活的憧憬之情。

1. 木版年画刻版
2. 开封朱仙镇木版年画作品
3. 木版年画《一团和气》
4. 传承人正在制作木版年画

1	2
3	4

在春节临近的大寒节气里，
让我们一起来体验木版年画制作，
绘制门神，辞旧迎新！

门神守护

木版年画制作课程

以山西平阳木版年画中门神焦赞和孟良的形象为原型，在原始形象的基础上精简提炼，保留门神的动作、表情、服饰的特点。使用马克笔填涂门神，了解门神形象特征。

课程材料：

空白木版年画 1 对、参考图 1 对、马克笔若干支。

注意事项：

1. 使用马克笔时务必缓慢均匀填涂，如遇颜色不均匀的情况，可反复填涂，直至颜色均匀。
2. 不同颜色上色先后仅为参考，可根据实际情况调整顺序，但马克笔选择使用需秉持先浅后深的原则。

制作流程：
以右侧门神为例

第一步：脸部上色

先选用浅色打底，再使用深色勾画脸部细节。

第二步：涂黄色

选择黄色马克笔，均匀地填涂黄色区域。

第三步：涂红色

选择红色马克笔，均匀地填涂红色区域。

第四步：涂绿色

选择绿色马克笔，均匀地填涂绿色区域。

第五步：涂蓝紫色

选择紫色马克笔，均匀地填涂蓝紫色区域。

第六步：填涂另一侧门神

用相同方法，填涂另一侧门神。

门神守护

木版年画制作课程成果

后 记

　　二十四节气非遗美育课程，是上海市公共艺术协同创新中心（PACC）自2015年来为中小学生研发的传统工艺轻体验课程。课程最初来源于PACC联合主办的"上海国际手造博览会"美育工坊课程，研发主体是上海大学上海美术学院创新设计专业的研究生，研发过程获得了大量非遗传承人群、城市手工设计师和文化机构的帮助。六年来，此课程在非遗进学校、进社区、进美术馆等社会服务中不断完善，逐步成熟，荣获国家教育部和四川省人民政府主办的2021年全国第六届大学生艺术展演活动"高校美育改革创新优秀案例一等奖"。

　　中国的非遗传承事业，不仅需要非遗传承人和文化机构的努力，更需要公众建立起对非遗的认知，特别是要让孩子们喜欢非遗。本教材甄选二十四项中国传统工艺，在二十四个节气更替之际，让孩子们根据教材居家制作体验，既有动手的无限乐趣，又有中国传统文化的仪式感，让孩子们感悟传统工艺的智慧和美学，理解中国传统文化。

　　本教材获得上海市文教结合项目的支持。衷心感谢在编写过程中给予帮助的专家学者、非遗传承人、城市手工设计师、文化机构，感谢为课程研发努力付出的上海大学上海美术学院研究生们，感谢上海教育出版社的大力支持。希望能在非遗传承中撒播文化自信的种子。

章莉莉

2023年4月